设计师专项进阶书系

室内设计通透精解系列

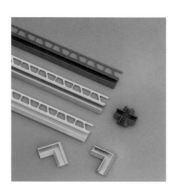

极易收口

王海青　段文畅

主编

中国建筑工业出版社
CHINA ARCHITECTURE & BUILDING PRESS

图书在版编目 (CIP) 数据

极易收口 / 王海青，段文畅主编 . —北京：中国
建筑工业出版社，2019.11（2023.3 重印）
（设计师专项进阶书系·室内设计通透精解系列）
ISBN 978-7-112-14677-2

Ⅰ.①极… Ⅱ.①王… ②段… Ⅲ.①室内装饰—建
筑材料—装饰材料 Ⅳ.① TU56

中国版本图书馆 CIP 数据核字 (2019) 第 243335 号

策　　　划：中国建筑工业出版社华东分社
　　　　　　（Email：cabp_shanghai@qq.com）
责任编辑：胡　毅
助理编辑：雪　原
责任校对：王　烨
装帧设计：房惠平
装帧制作：嵇海丰

设计师专项进阶书系·室内设计通透精解系列

极易收口

王海青　段文畅　主编
＊
中国建筑工业出版社出版、发行（北京海淀三里河路9号）
各地新华书店、建筑书店经销
北京富诚彩色印刷有限公司印刷
＊
开本：889×1194毫米　1/16　印张：9½　字数：290千字
2019 年 11 月第一版　2023 年 3 月第四次印刷
定价：99.00 元
ISBN 978-7-112-14677-2
　　　　　（34982）

内容提要

· 不同装饰材料的过渡，都涉及收口处理，阳角、阴角、平面、灯光运用等都需要设计师精心思考，细节处理最为考验设计师的专业技术能力。本书主要讲述型材收口方案和灯光线条运用，共26款收口样式，第一部分型材收口包括三个类别，平面、阳角和阴角，第二部分灯光线条分别讲解了踏步灯光、阳角灯光、阴角灯光、墙面灯光和踢脚线灯光。全书采用三维超写实剖视图等方式对知识点进行讲解，并配有 CAD 大样图、施工节点图，这样读者看图学习要比看文字学习轻松得多，材料属性、收口工艺一看就懂，能够大大地降低学习成本。

· 本书提供增值服务：作者免费提供书中所有 AutoCAD 施工图的源文件。

· 本书适合室内设计师、环境艺术设计师，大专院校室内设计及环境艺术专业师生，建筑装饰施工企业管理及技术人员参考阅读。

作者简介

王海青

· 黑石深化机构创始人，深化设计师、深化讲师、自媒体人。从事深化设计 15 年，有着丰富的大型项目设计与管理经验，服务中外各大设计公司，项目遍布全国及海外。绘制项目类型多样且繁杂，图纸表达深度符合国际主流，主张用宏观的角度来看待这个行业，提出"我来控制图纸，图纸控制项目"的深化理念。多年来致力于培养更多的室内深化设计人才，发表深化设计专业文章 300 多篇，发布施工图教学视频课程500 多节，并出版《材料收口》、《极简收口》，在室内深化设计领域具有一定影响力。

前　言

· 细节处理最为考验设计师的专业技术能力，收口要处理得当则需要大量的知识储备。设计项目想要达到良好的收口效果需要满足几个条件，首先，设计师的收口方案要好，设计要精致、新颖、有艺术感；其次，需要有高品质的金属型材作为材料方面的支撑，如铝合金、不锈钢等型材，质量要好，色泽光鲜、不掉色；再次，要有优秀的施工单位配合，工人师傅手艺要好。

· 本书主要讲述型材收口方案和灯光线条运用，第一部分型材收口包括三个类别，平面、阳角和阴角，其中在平面和阳角收口中选用了弧面型材方案，力图打破传统思维，因为有了弧面，就会有高光，空间就会变得通透。第二部分灯光线条分别讲解踏步灯光、阳角灯光、阴角灯光、墙面灯光和踢脚线灯光。通读本书后我们可以看到，金属型材不仅可以用于不同装饰材料间的过渡，还可以用于不同形式的照明，这些都有成熟的产品可以购买到，只是市场上高品质的产品较少。为了能将材料收口方案迅速落地，我创立了雪山虎品牌，专注于收口型材及配套灯具的研发和生产，书中大部分收口设计都有相应的材料解决方案，因而设计师不必担心施工环节的落地执行问题。

· 本书中所有收口设计实例，全部采用三维超写实剖视图等方式体现各种细节，让读者秒懂，即使对非专业设计师而言也非常容易理解，尤其是对业主、材料商、施工单位来说，仅看一张图就能了解工艺手法和材料属性。希望这本《极易收口》能给读者朋友们带来些许帮助，您阅读后有什么心得，或有什么想法，欢迎来我的公众号交流。

王海青

佑泰建筑设计（上海）有限公司

2019 年 8 月

目　录

8　　第 1 章　型材收口

10　　1.1　木地板平面收口

18　　1.2　木作平面收口

24　　1.3　弧面型材平面收口（一）

32　　1.4　弧面型材平面收口（二）

36　　1.5　平面凹缝收口（一）

42　　1.6　平面凹缝收口（二）

48　　1.7　不同材料平面 20mm 收口

52　　1.8　木装饰面截面收口

58　　1.9　石材台面收口

62　　1.10　石材台面斜面收口

70　　1.11　木作阳角收口

74　　1.12　阳角 5mm 留缝收口

82　　1.13　木地板踏步阳角收口

88　　1.14　阳角凹面收口

96　　1.15　阳角斜面收口

102　　1.16　阳角凹弧面收口

106　　1.17　阳角凸弧面收口

114　　1.18　棚面阴角 20mm 收口

118　　1.19　墙面与棚面阴角 30mm 收口

122　　1.20　50mm 内凹踢脚线做法

126　**第 2 章　灯光线条**

128　2.1　踏步灯光线条

132　2.2　阳角灯光线条

136　2.3　阴角灯光线条

140　2.4　阴角灯光角线

144　2.5　墙面灯光线条

146　2.6　踢脚线灯光线条

第 1 章 ｜ 型材收口

　　本章包括多种金属型材收口方案的讲解，涉及的收口位置包括平面、阳角、阴角，所选用的材料有石材、瓷砖、木材、玻璃等。收口的样式给出后，设计师可以自行考虑相应材料的选择。收口方案中金属型材的颜色、规格可以做到多种多样，不必担心品类不全，而且金属型材的售价并不高，因此设计师们尽管放心大胆地设计，落地执行是完全可行的。

■ 1.1 木地板平面收口

木地板与地砖平面收口效果展示

三维剖视图（一）

三维剖视图（二）

三维剖视图（三）

收口型材特写（一）

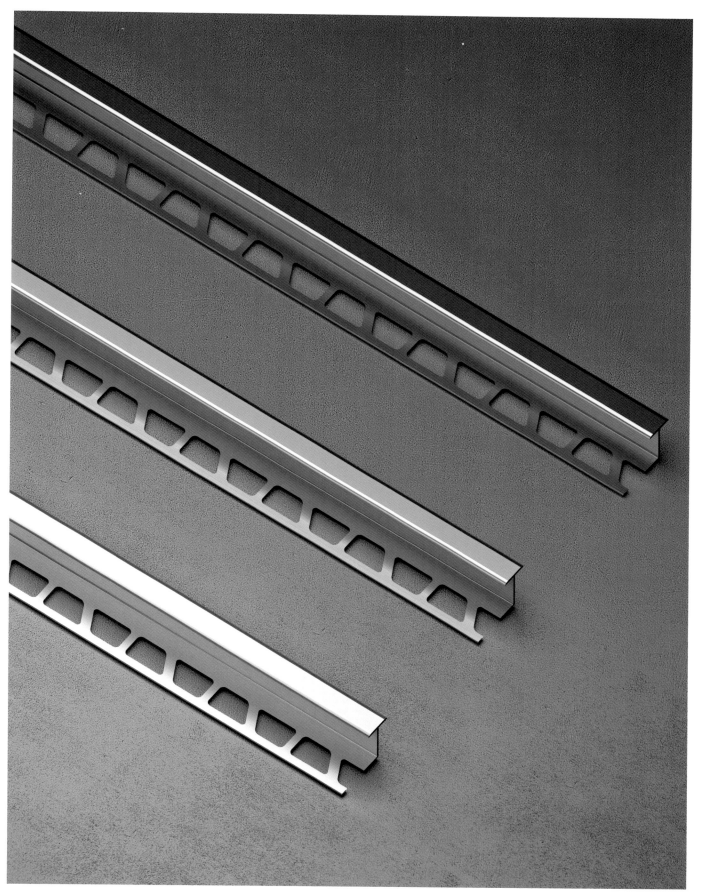

收口型材特写（二）

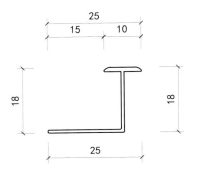

收口型材大样图
1:1

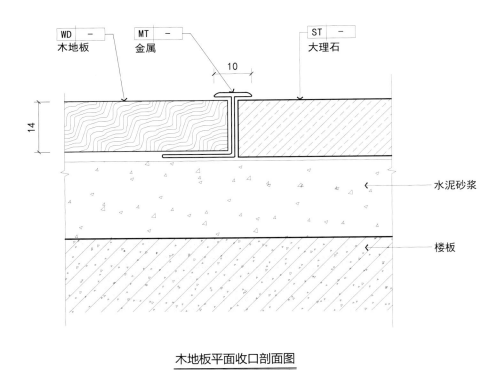

木地板平面收口剖面图
1:1

解析 地面收口节点中，木地板与地砖的收口是重点，也是一种常见的收口类型。传统收口方法为 T 字形不锈钢收边，优点是安装方便，缺点是容易起边、脱落。此例收口方式选用成品金属型材，采用基本固定方式，不仅牢固，而且美观。型材选用镁铝合金，电解工艺上色，防紫外线、耐磨。由于地板、瓷砖的种类很多，材料厚度不同，如选用此收口方案，则需要准备多种规格型材，才可以满足施工要求。

▨ 1.2　木作平面收口

完成效果展示（一）

完成效果展示（二）

三维剖视图

收口结构示意

材料特写

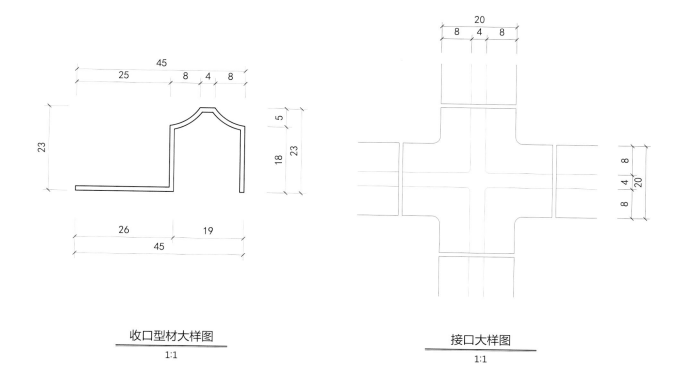

收口型材大样图
1:1

接口大样图
1:1

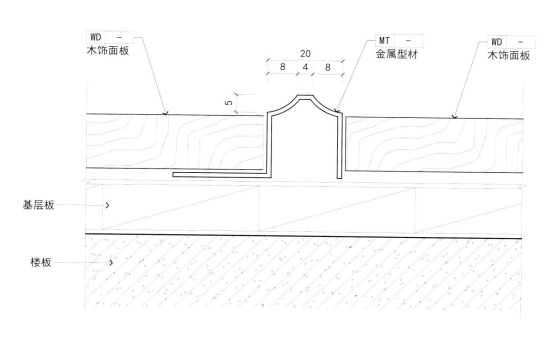

木作平面收口剖面图
1:1

▨ 1.3　弧面型材平面收口（一）

完成效果展示（一）

完成效果展示（二）

三维剖视图

收口结构示意

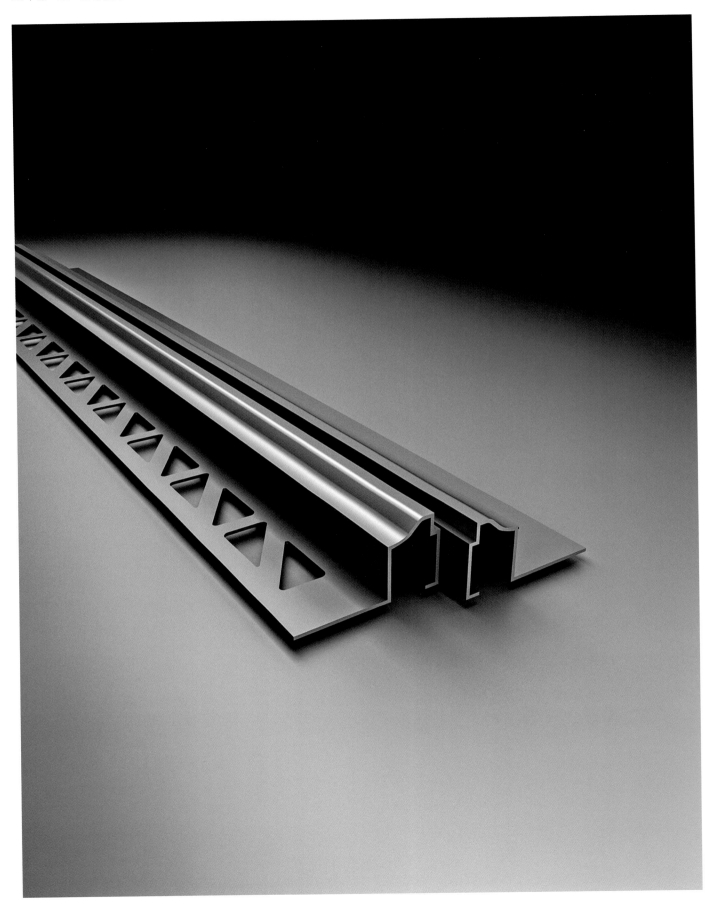

材料特写

石材收边三维剖视图

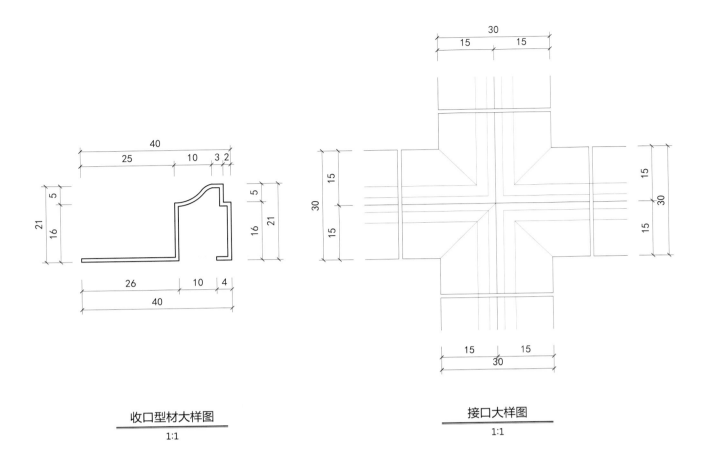

收口型材大样图
1:1

接口大样图
1:1

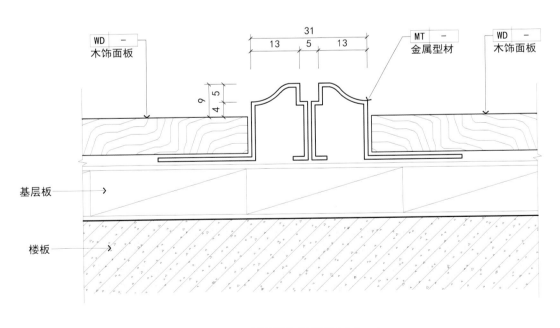

弧面型材平面收口（一）
剖面图
1:1

解析 木饰面的平面收口方式很多，多数为平面或是内凹方式。此例选用弧面金属型材收口，一方面金属型材可以作为装饰条使用，另一方面不同材料可以在同一平面内过渡使用，由于有弧面，就会产生高光，更有立体感。此型材的难点，一是在于接口处理，比如十字接口、阴角收口、阳角收口都需要专用配件来收边，效果才能更好；二是在于配件，只有采用激光雕刻工艺才能实现理想的效果，因而价格较高。

▓ 1.4 弧面型材平面收口（二）

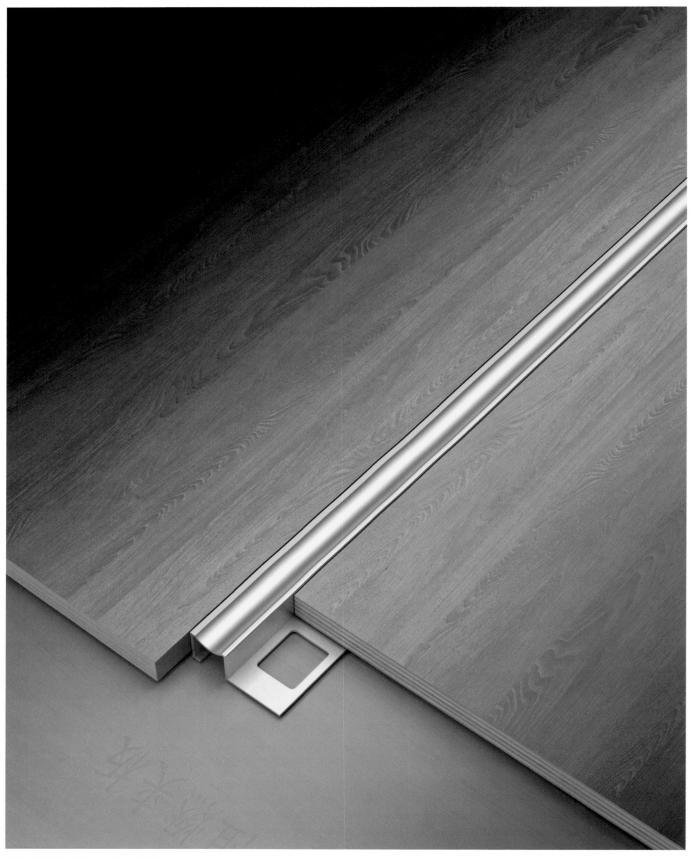

地面弧面型材收口三维剖视图

墙面弧面型材收口三维剖视图

材料特写

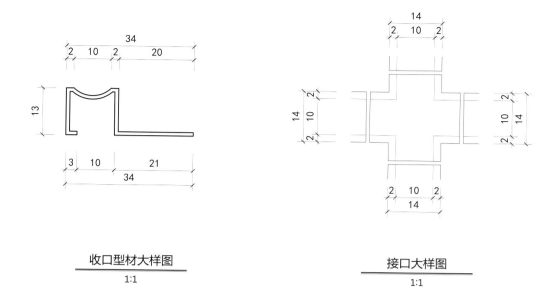

收口型材大样图
1:1

接口大样图
1:1

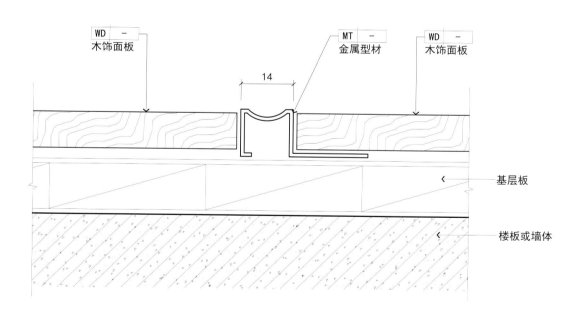

弧面型材平面收口（二）
剖面图
1:1

■ 1.5　平面凹缝收口（一）

完成效果展示

木基层装饰面效果

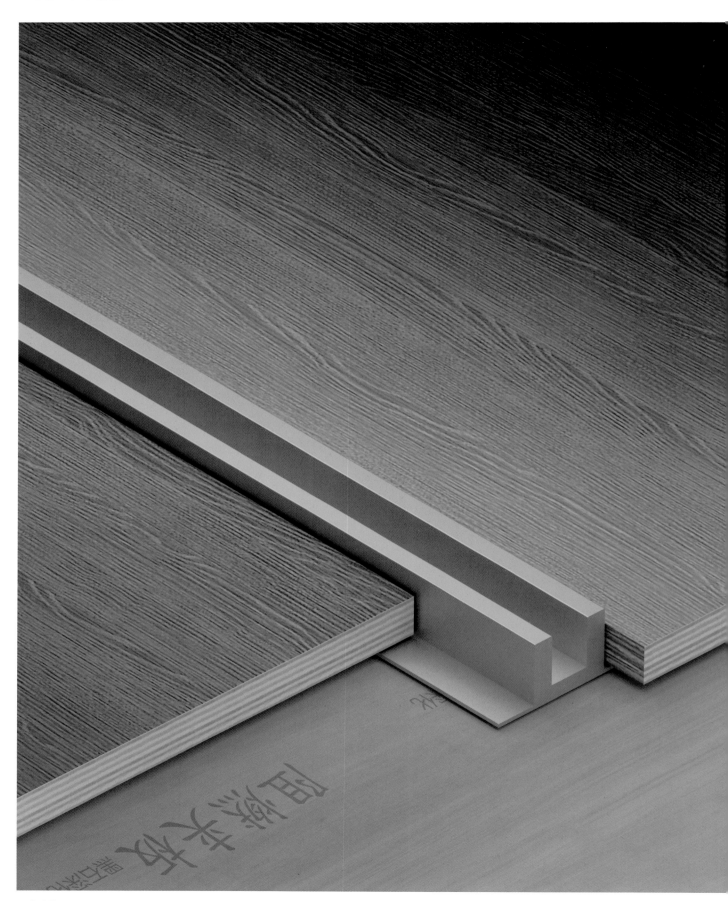

三维剖视图（一）

三维剖视图（二）

材料特写

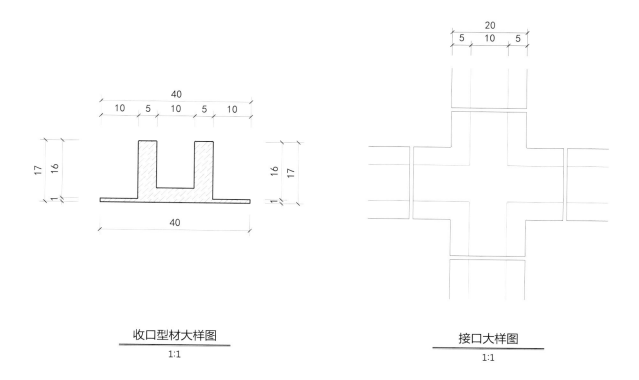

收口型材大样图
1:1

接口大样图
1:1

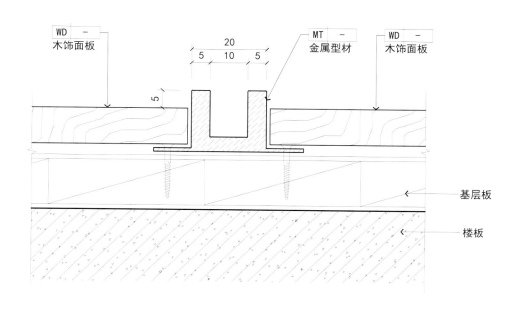

平面凹缝收口（一）
剖面图
1:1

1.6 平面凹缝收口（二）

完成效果展示（一）

完成效果展示（二）

三维剖视图（一）

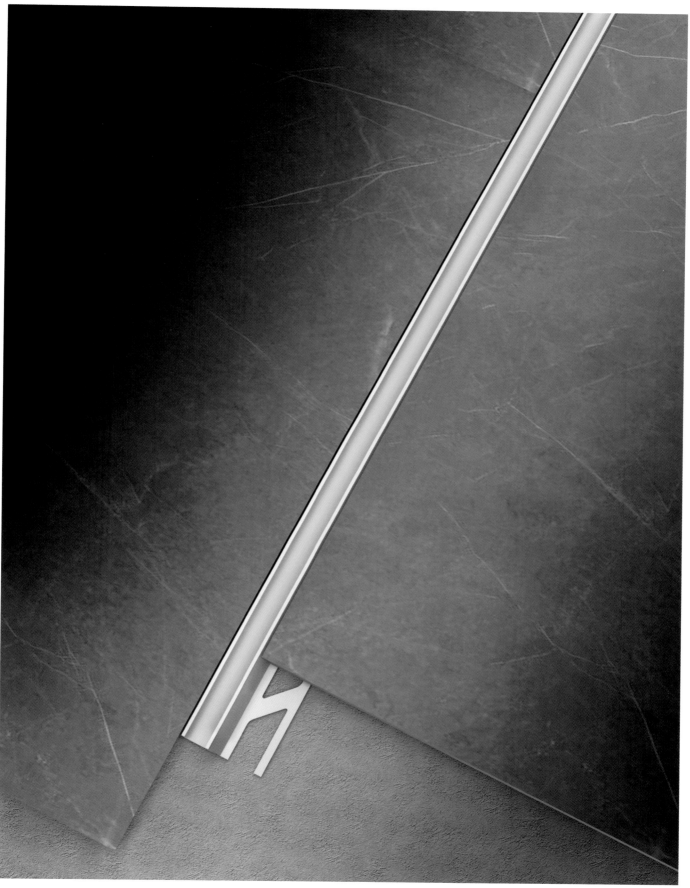

三维剖视图（二）

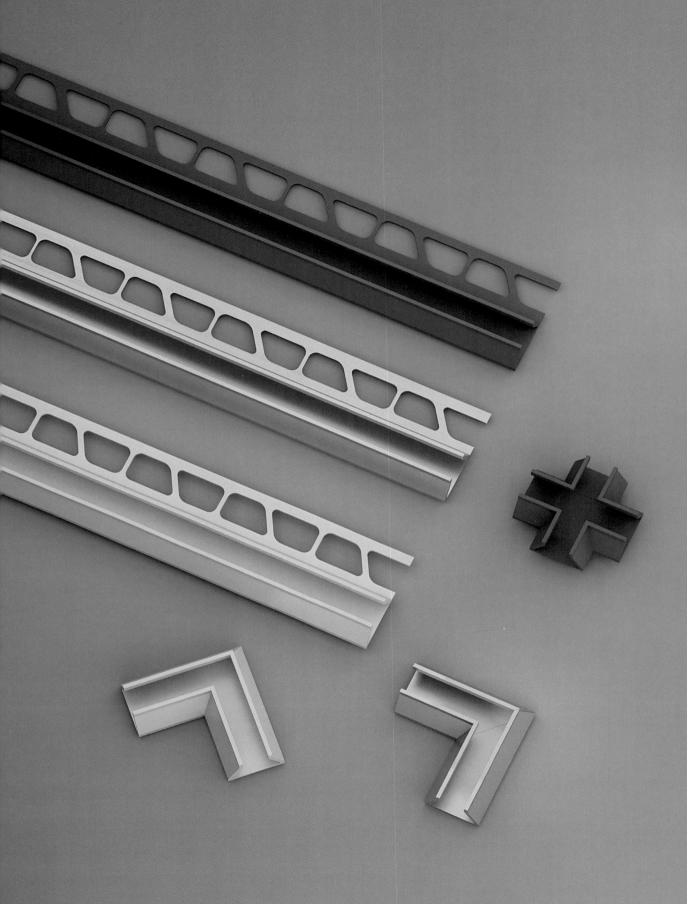

材料特写

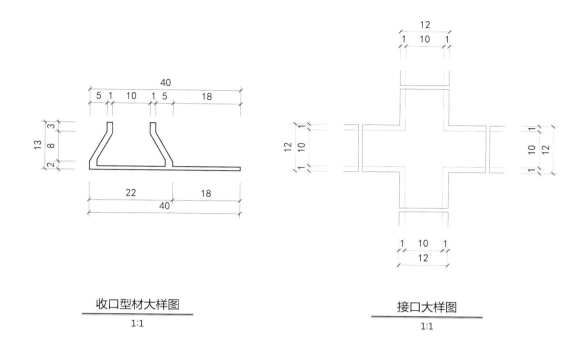

收口型材大样图
1:1

接口大样图
1:1

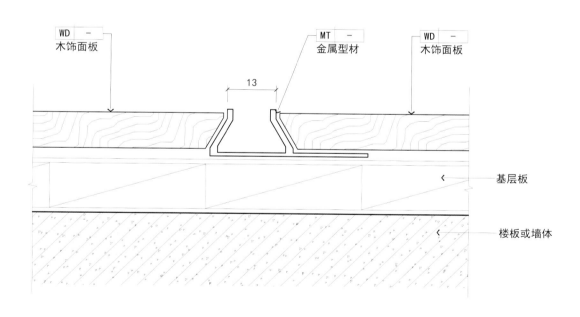

WD —
木饰面板

MT —
金属型材

WD —
木饰面板

基层板

楼板或墙体

平面凹缝收口（二）
剖面图
1:1

▤ 1.7 不同材料平面 20mm 收口

石膏板与木作收口三维剖视图

石材与木饰面板收口三维剖视图

木饰面板间平面收口三维剖视图

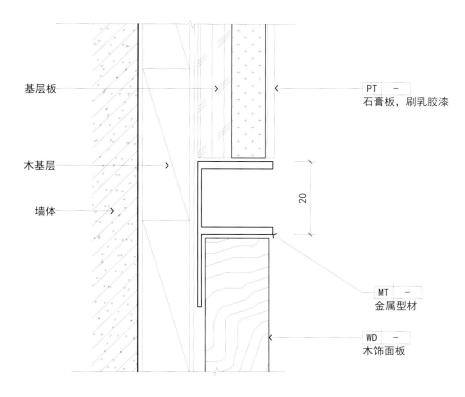

基层板

木基层

墙体

PT —
石膏板，刷乳胶漆

20

MT —
金属型材

WD —
木饰面板

石膏板与木作平面收口剖面图
1:1

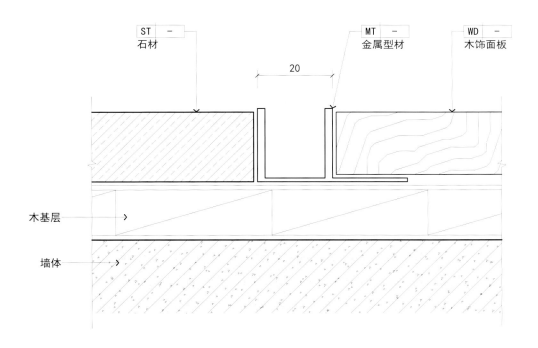

ST —
石材

20

MT —
金属型材

WD —
木饰面板

木基层

墙体

石材与木作平面收口剖面图
1:1

▨ 1.8　木装饰面截面收口

完成效果展示（一）

完成效果展示（二）

三维剖视图（一）

阻燃夹板

三维剖视图（二）

三维剖视图（三）

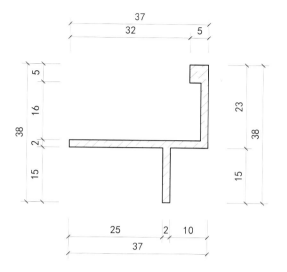

收口型材大样图
1:1

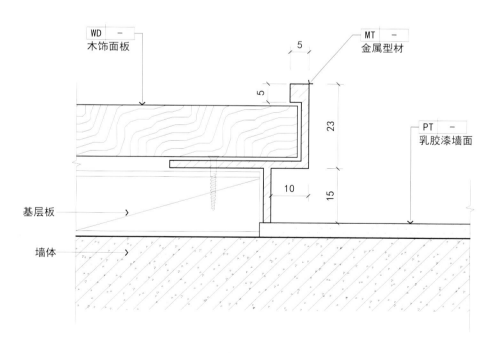

木装饰面截面收口剖面图
1:1

▦ 1.9 石材台面收口

完成效果展示

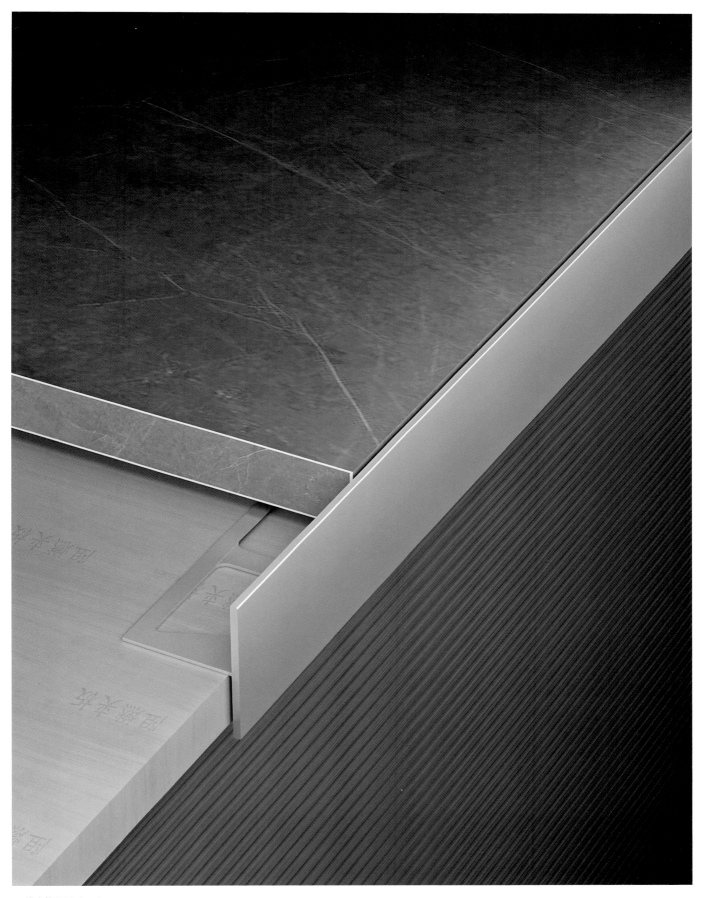

三维剖视图（一）

三维剖视图（二）

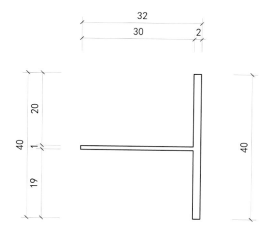

收口型材大样图
1:1

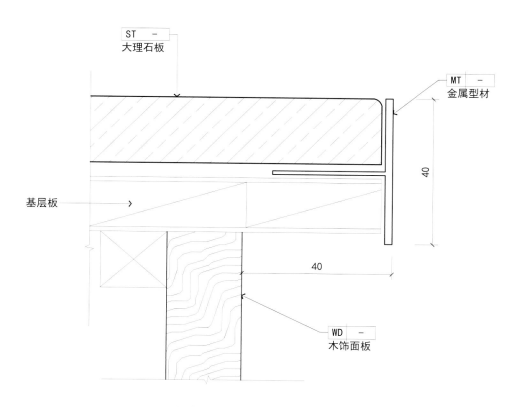

石材台面收口剖面图
1:1

▪ 1.10 石材台面斜面收口

完成效果展示

石材台面斜面收口（一）三维剖视图

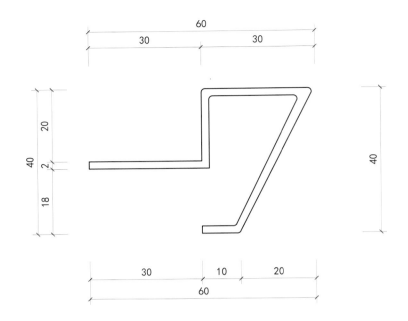

收口型材大样图
1:1

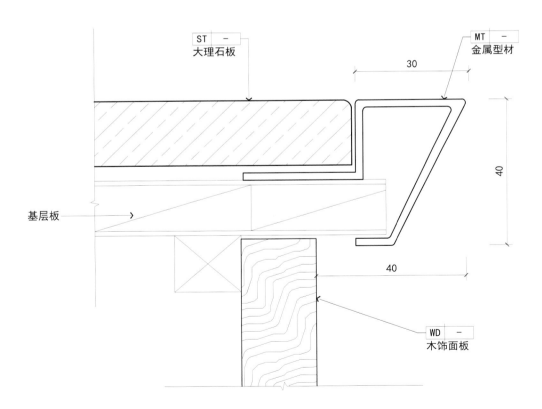

石材台面斜面收口（一）剖面图
1:1

石材台面斜面收口（二）三维剖视图（一）

石材台面斜面收口（二）三维剖视图（二）

石材台面斜面收口（二）三维剖视图（三）

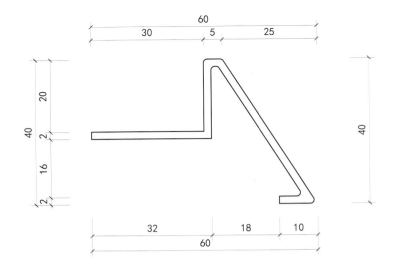

收口型材大样图

1:1

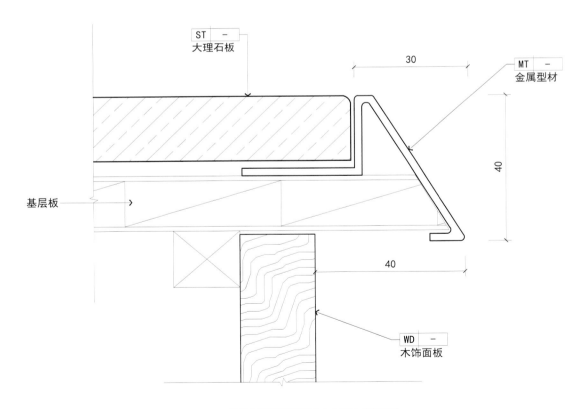

石材台面斜面收口（二）剖面图

1:1

解析 台面的收口细节，很多设计师都没有仔细考虑过，通常都是将石材或木饰面直接平铺。此例选用两种型材斜面收口，一方面为了视觉效果更加新颖，另一方面可以通过遮挡材料的侧面进行收口处理。这种收口方式适用于石材、木材、玻璃等材质。千篇一律的设计总是令人乏味，同样的位置，需要全新的收口方式，这也是设计师需要考虑的重点问题之一，细节的处理足够精细，才能更好地体现空间的品质感。

▪ 1.11　木作阳角收口

木作阳角收口完成效果展示

三维剖视图

收口型材特写

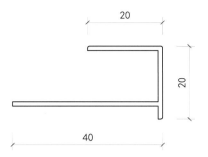

收口型材大样图
1:1

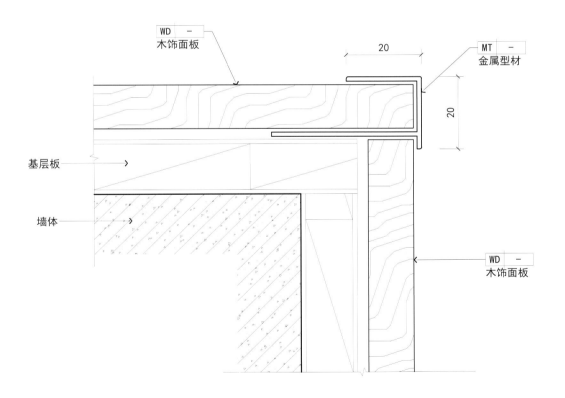

木作阳角收口剖面图
1:1

▨ 1.12　阳角 5mm 留缝收口

完成效果展示

三维剖视图（一）

三维剖视图（二）

材料安装示意

型材三维结构示意

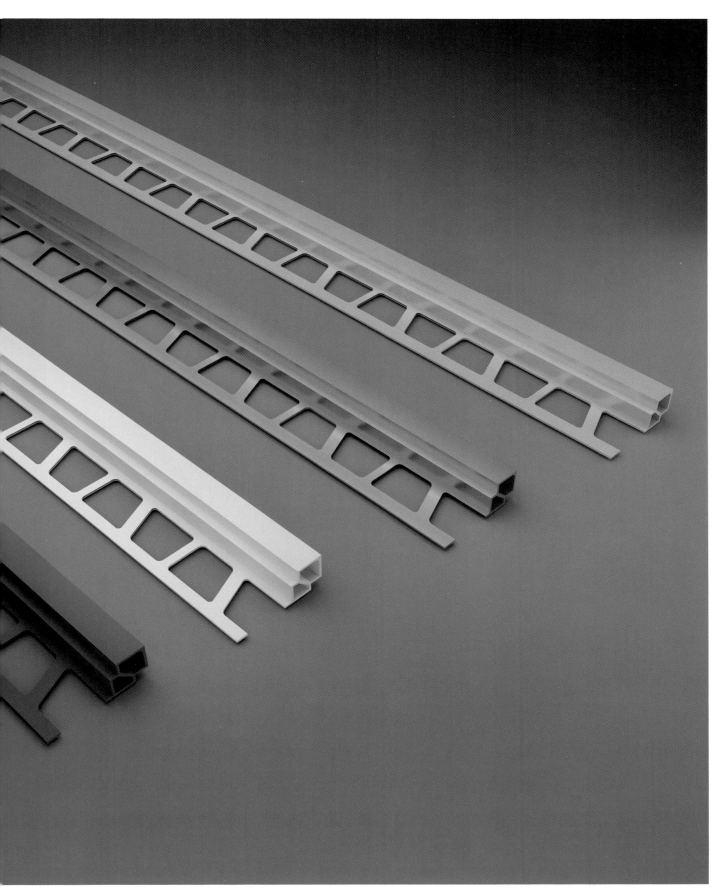

材料特写

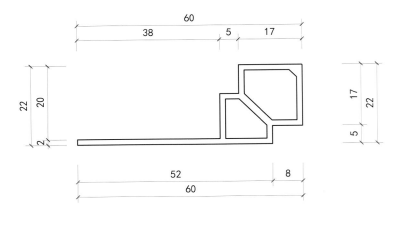

收口型材大样图
1:1

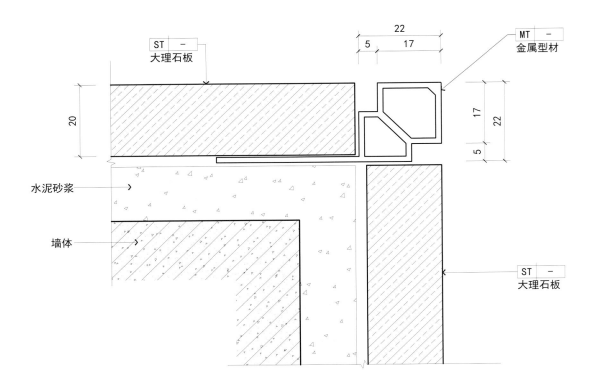

阳角 5mm 留缝收口剖面图
1:1

三维剖视图（一）

三维剖视图（二）

收口型材特写（一）

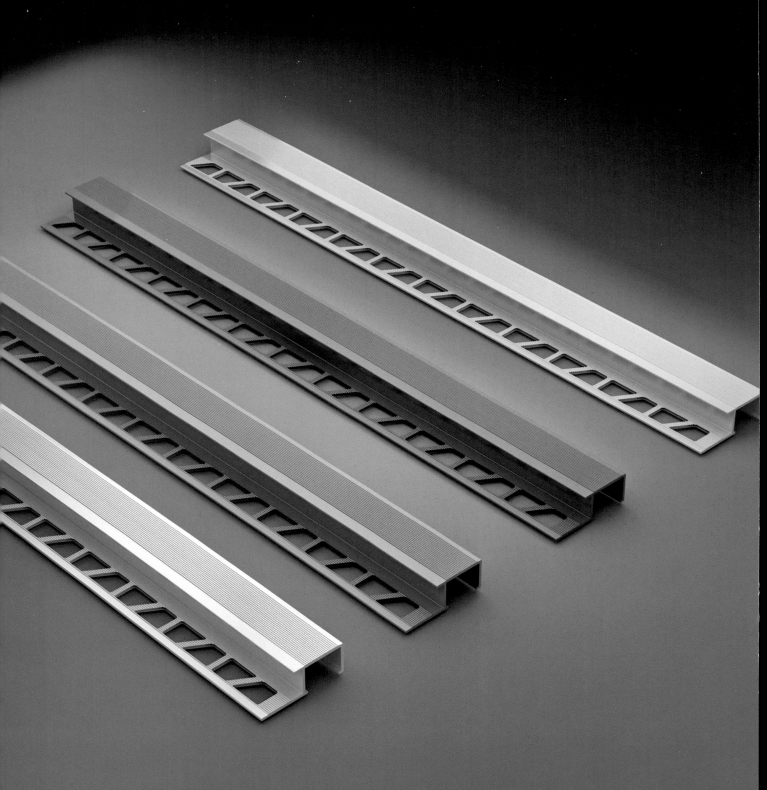

收口型材特写（二）

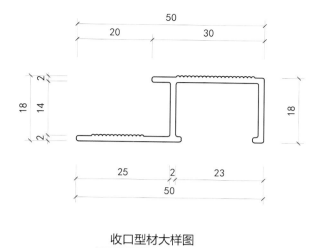

收口型材大样图
1:1

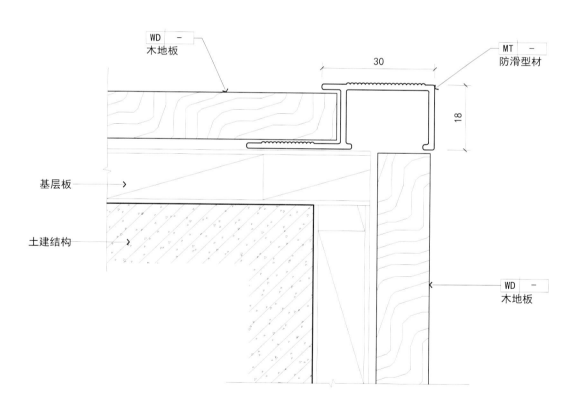

木地板踏步阳角收口剖面图
1:1

▨ 1.14 阳角凹面收口

完成效果展示（一）

完成效果展示（二）

三维剖视图（一）

三维剖视图（二）

三维剖视图（三）

三维结构拆解图

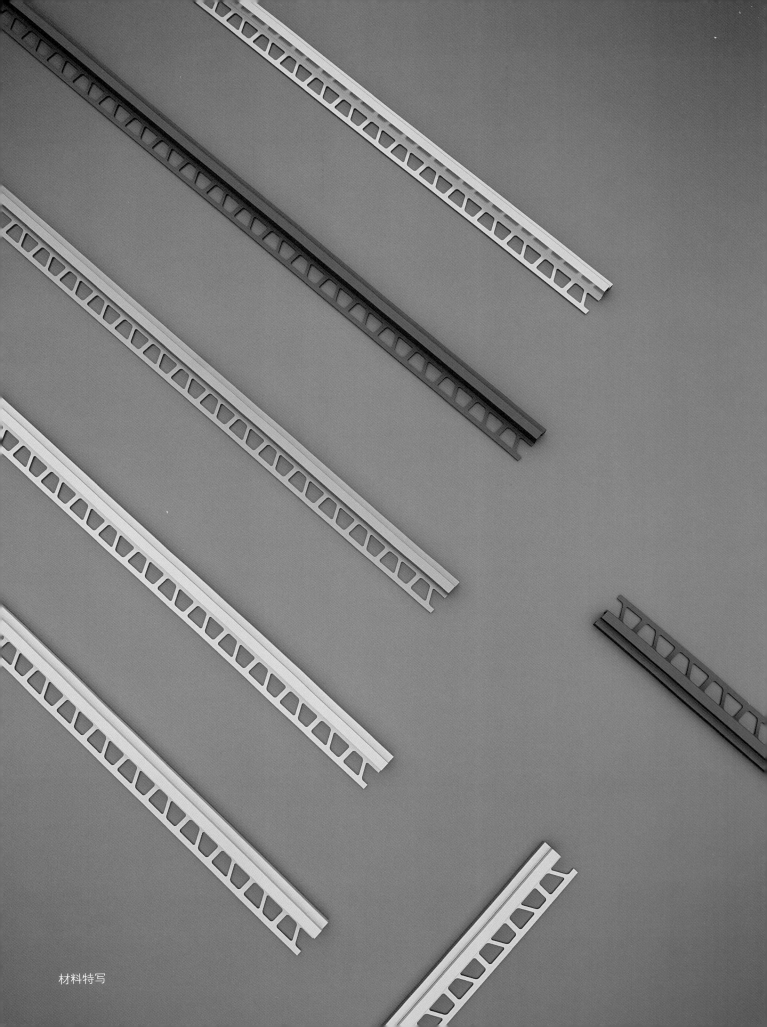

材料特写

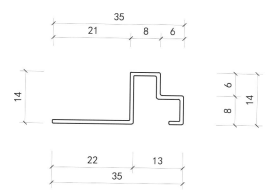

收口型材大样图
1:1

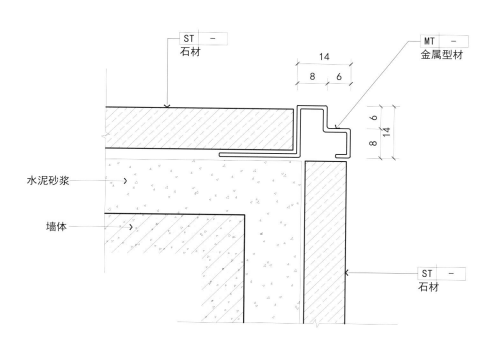

阳角凹面收口剖面图
1:1

▨ 1.15 阳角斜面收口

完成效果展示

三维剖视图（一）

三维剖视图（二）（此型材亦可用于平面收口）

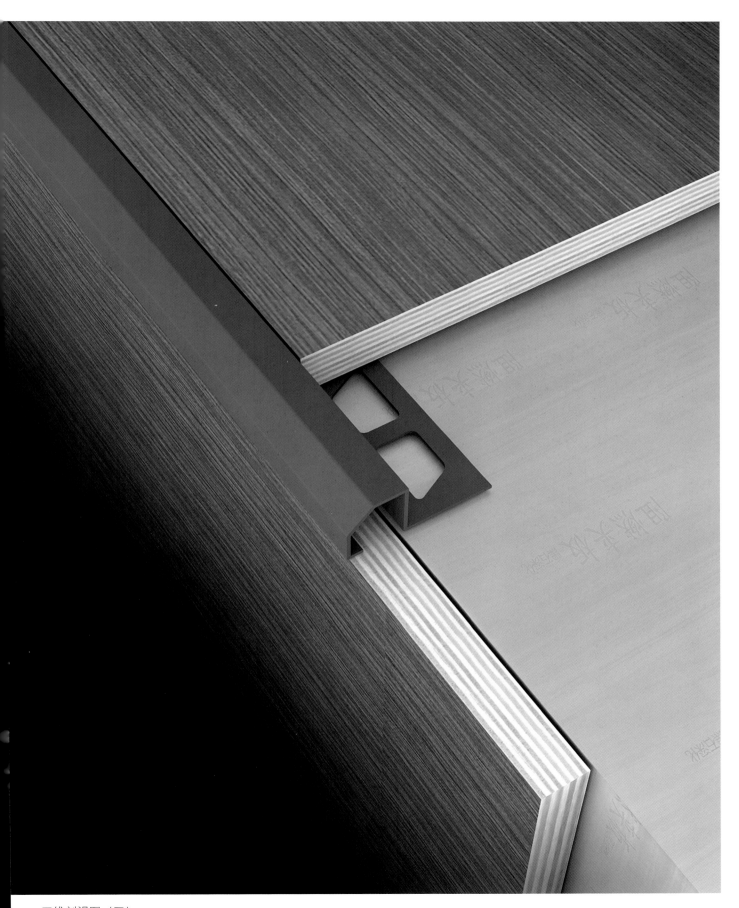

三维剖视图（三）

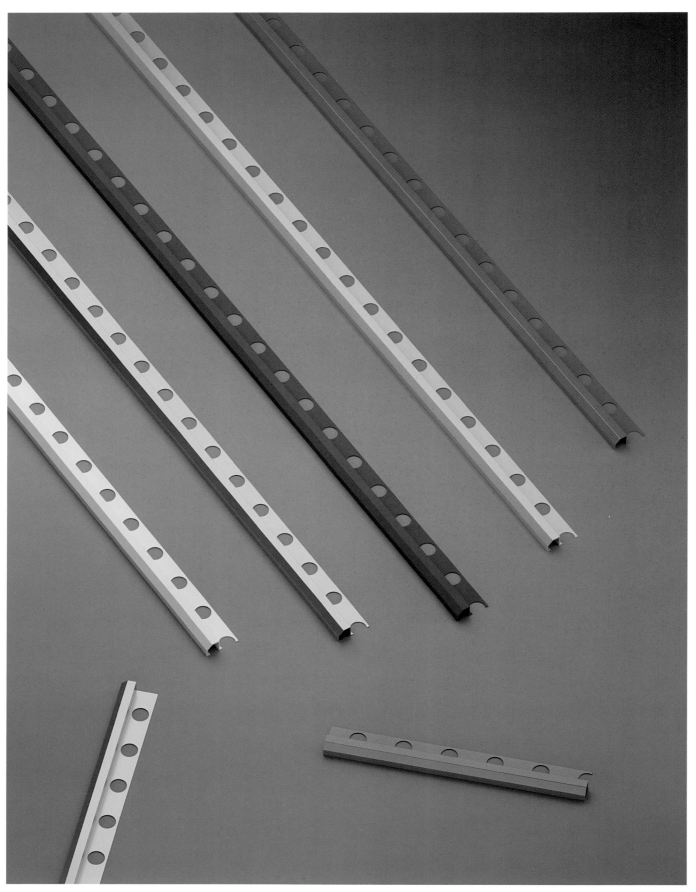

材料展示　型材收口

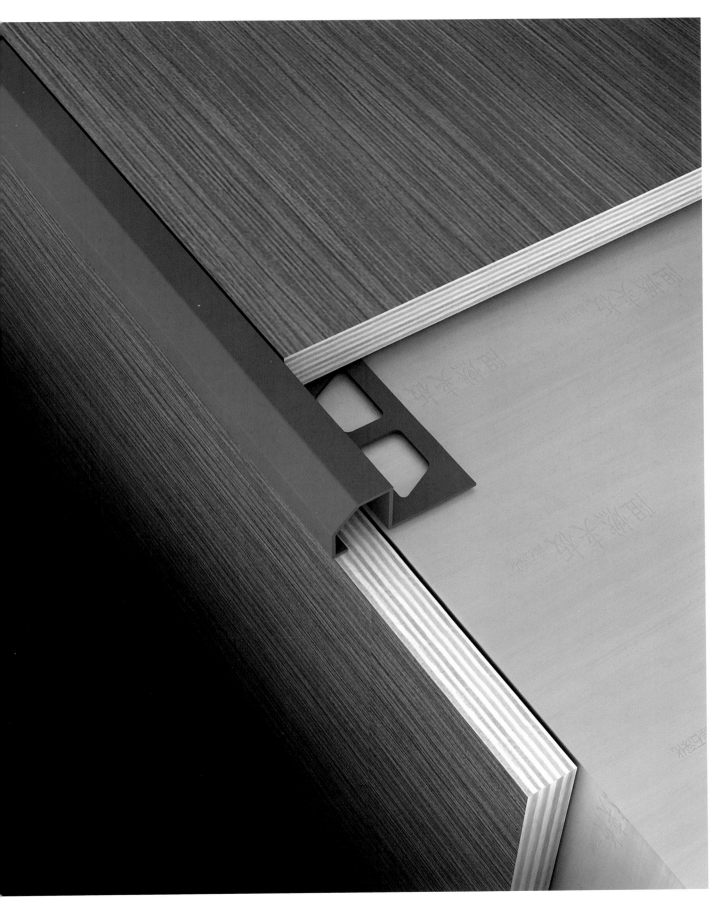

三维剖视图（三）

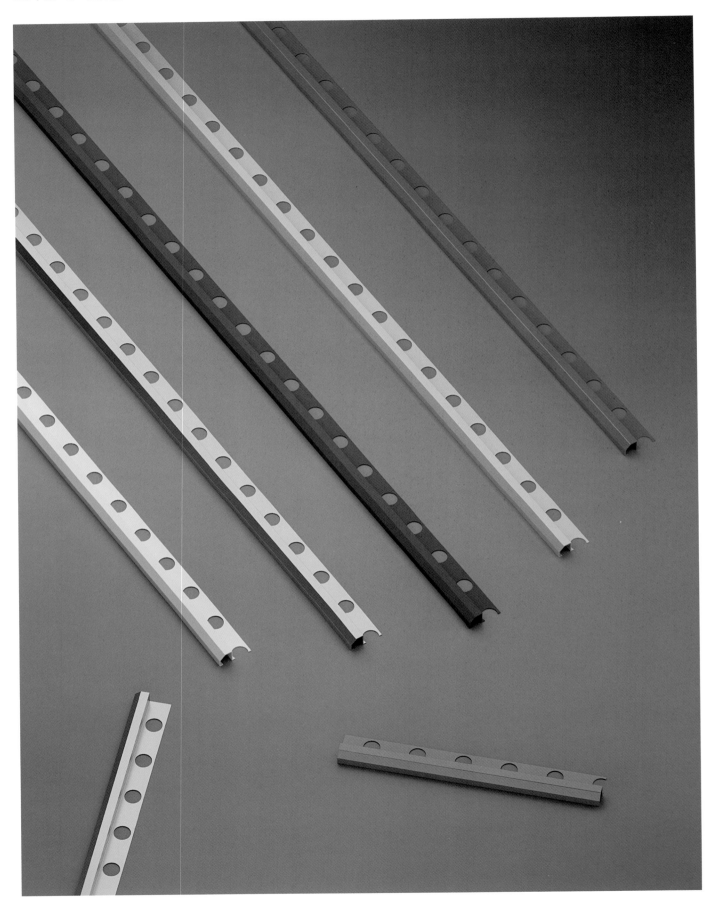

材料展示 型材收口

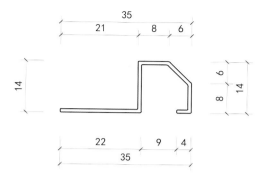

收口型材大样图
1:1

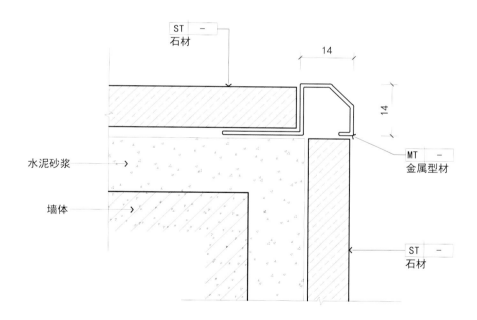

阳角斜面收口剖面图
1:1

▤ 1.16　阳角凹弧面收口

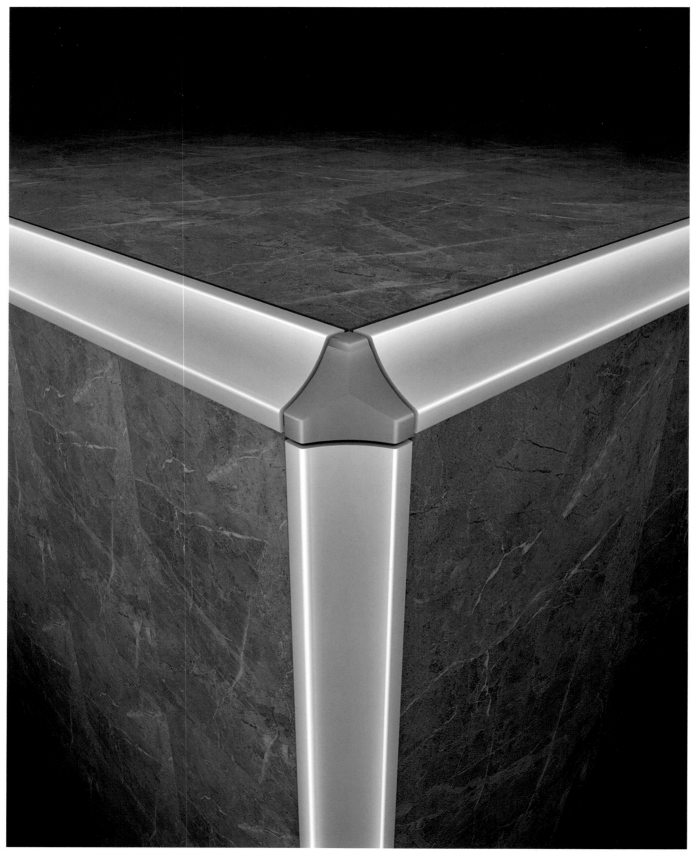

完成效果展示

三维剖视图

材料特写

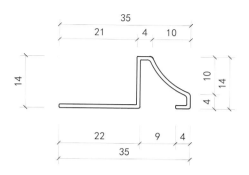

收口型材大样图
1:1

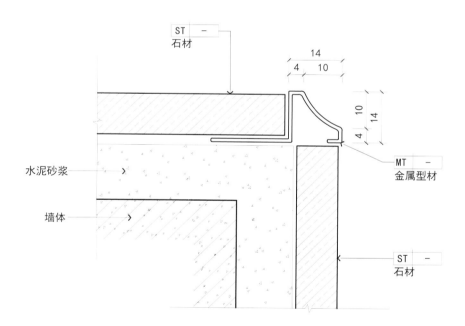

阳角凹弧面收口剖面图
1:1

▧ 1.17　阳角凸弧面收口

完成效果展示（一）

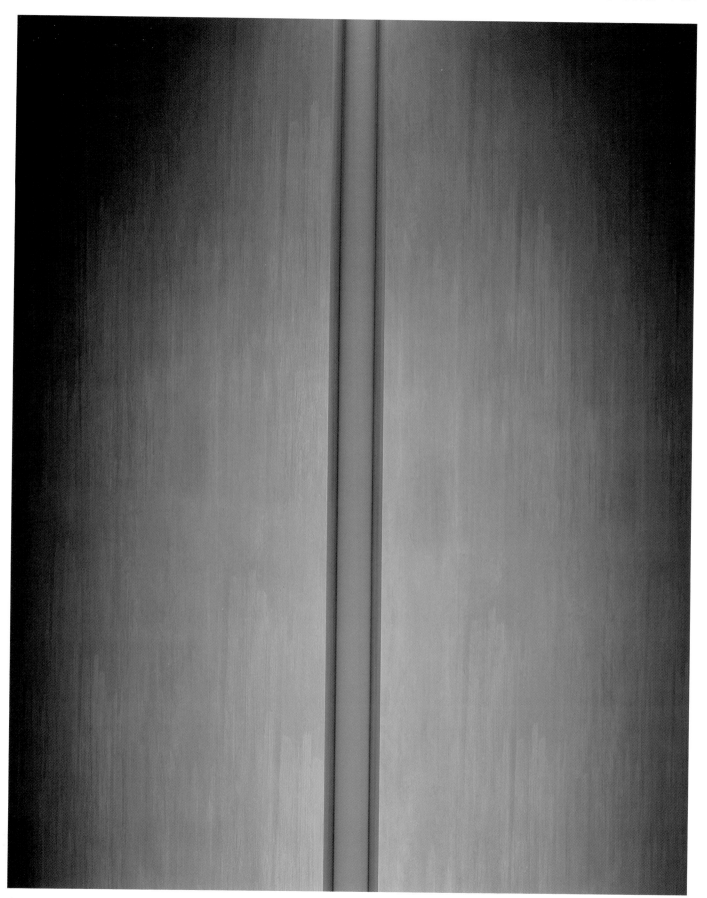

完成效果展示（二）

三维剖视图（一）

三维剖视图（二）

三维剖视图（三）

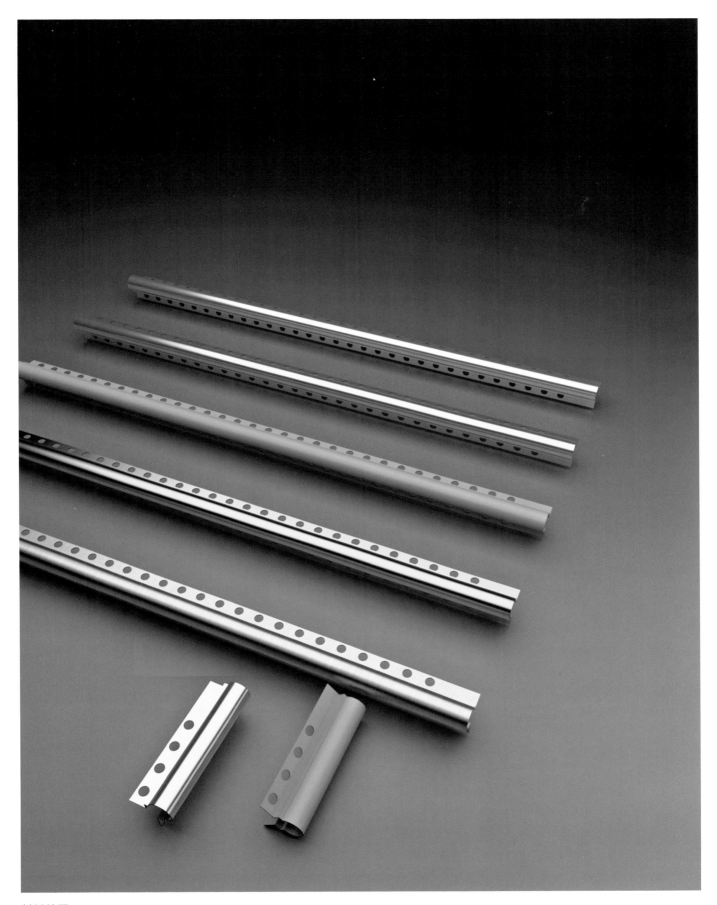

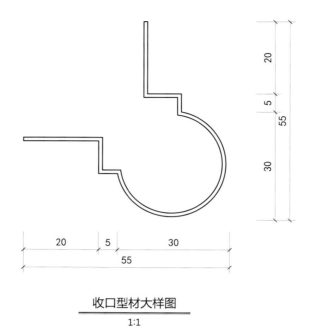

收口型材大样图
1:1

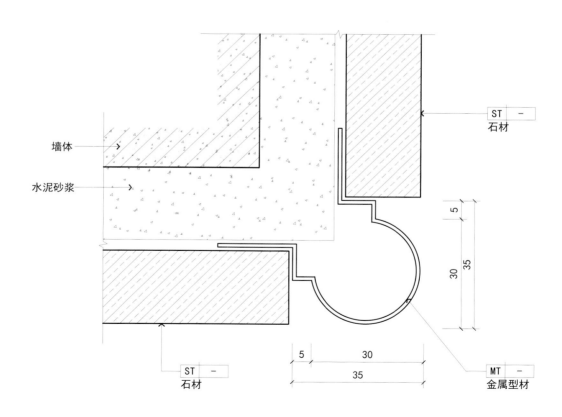

墙体

水泥砂浆

ST　－
石材

ST　－
石材

MT　－
金属型材

阳角凸弧面收口剖面图
1:1

解析 此阳角收口采用大弧面金属型材，型材与材料相接触部分留 5mm 空隙，光照后有阴影，整体过渡柔和。弧面设计一方面是考虑撞击保护，另一方面因为光照后会有高光，整体空间效果具有明暗对比，可以让阳角收口也成为设计的一个亮点，而不仅仅是解决材料间的过渡问题。

1.18 棚面阴角 20mm 收口

场景展示效果

阻燃夹板

三维剖视图

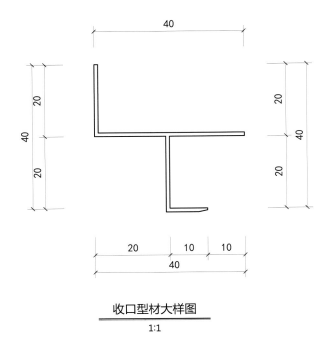

收口型材大样图
1:1

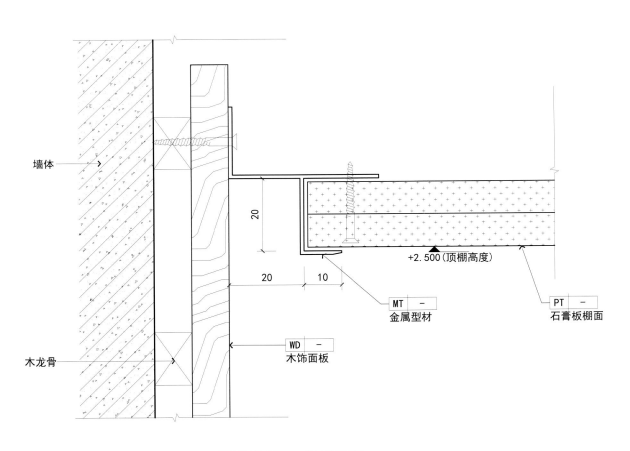

墙体

木龙骨

20

20 10

20

+2.500（顶棚高度）

MT　－
金属型材

PT　－
石膏板棚面

WD　－
木饰面板

棚面阴角 20mm 收口剖面图
1:1

解析 此例讲解棚面石膏板与墙面材料的收口。传统做法是预留 20mm，镶嵌 U 形槽，但要将石膏板阳角处做平十分困难，从远处看阳角很难成为一条直线。此收口型材重新进行了设计，将双层石膏板插入型材卡槽，这样能保证收边平整，型材另一端用自攻螺钉固定于墙面，以保证牢固。此收口方案适合家居空间、商业空间，也适合多种棚面材料，如石膏板、木作、矿棉板等。

▓ 1.19　墙面与棚面阴角 30mm 收口

完成效果展示

三维剖视图

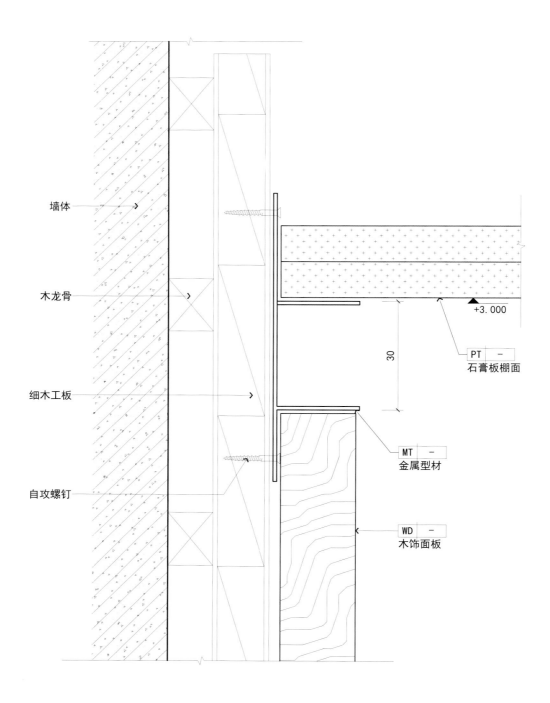

墙体

木龙骨

细木工板

自攻螺钉

30

+3.000

PT ｜ －
石膏板棚面

MT ｜ －
金属型材

WD ｜ －
木饰面板

墙面与棚面阴角
30mm 收口剖面图
1:1

解析 墙面与棚面收口有多种方式，此实例是其中之一，同样是选用金属型材进行收口。选用型材的好处是材料便于收边，完成后的效果工整，给人以严谨、认真的设计感。型材的长度多数为 2500mm，颜色多样。型材应尽量选用电解氧化工艺上色，不要选取喷涂上色，当然两种上色工艺的型材其售价是不同的。

▨ 1.20　50mm 内凹踢脚线做法

完成效果展示

三维剖视图

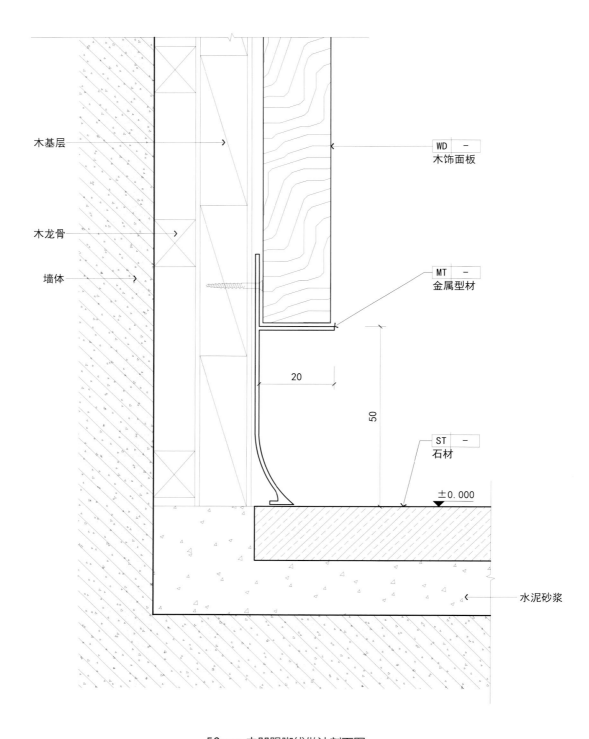

木基层

木龙骨

墙体

WD ―
木饰面板

MT ―
金属型材

20

50

ST ―
石材

±0.000

水泥砂浆

50mm 内凹踢脚线做法剖面图

1:1

解析 内凹踢脚线的做法很常见，尺寸可以有多种，40mm、60mm、80mm 等。此实例的特点在于将踢脚线做成弧形，弧面会产生高光，使得其对地面材料的反光更为柔和。此外，另一种弧形踢脚线是带 LED 灯的，效果更佳（参见笔者所著的《极简收口》，书中收录了多种灯光踢脚线方案）。

第 2 章 ｜ 灯光线条

　　本章内容为灯光收口的运用，为传统的阳角、阴角设计增加了照明功能，包括踏步灯光、阳角灯光、阴角灯光、墙面灯光和踢脚线灯光。这类收口形式中常见的饰面材料都可以使用，如石材、瓷砖、木作等。照明光源为 LED 灯，其优势是长度可以无限延长、不用担心断光问题，而且节能环保。

▧ 2.1　踏步灯光线条

场景效果展示

三维剖视图

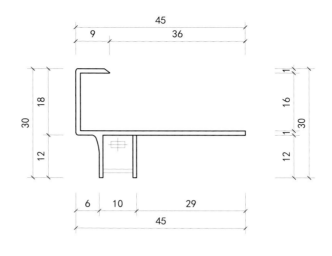

灯光型材大样图
1:1

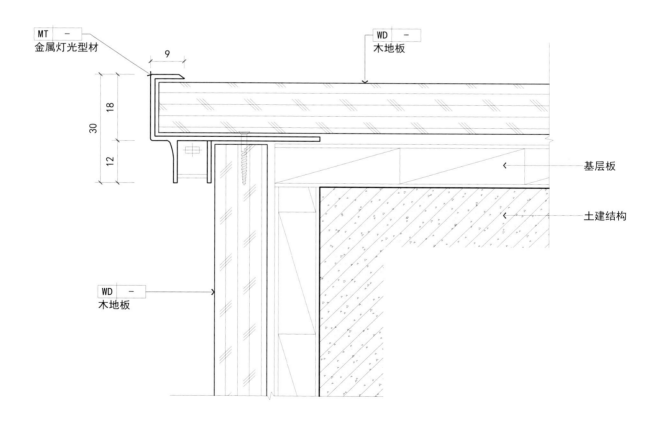

踏步灯光线条剖面图
1:1

解析 带有灯光的复合地板踏步是很棒的设计，其传统做法是内做金属钢架，暗藏灯管，施工程序复杂并且造价高。此实例采用成品型材收口，灯光选用 LED 灯，特点是尺寸小，施工简单，造价低，而且效果好。踏步灯光型材不仅可起到发光效果，还有防滑作用，设计巧妙。

▪ 2.2 阳角灯光线条

场景效果展示

三维剖视图

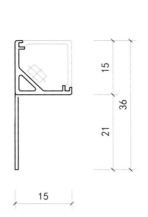
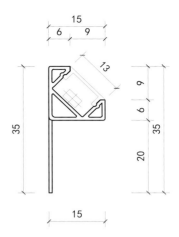

灯光型材大样图
1:1

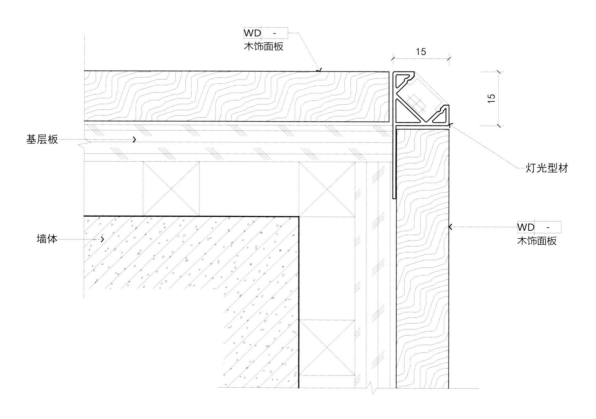

阳角灯光线条剖面图
1:1

解析 对于阳角收口，通常设计师都会考虑如何收得更精致。此实例提供一种新的方案，采用阳角灯具进行收口，这不仅可解决节点收口问题，灯具还能起到照明作用。此方案难点在于型材灯具的落地执行，需寻找可靠的精细收口型材服务商，综合考虑其收边型材、灯具产品的适用性，以及收口方案的可实施性。

■ 2.3　阴角灯光线条

墙面阴角灯光线条效果展示

棚面阴角灯光线条场景效果展示

三维剖视图

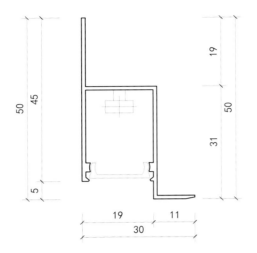

灯光型材大样图
1:1

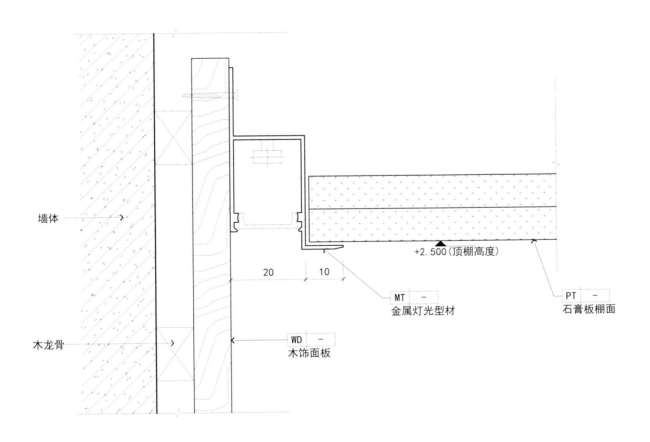

墙体

木龙骨

WD —
木饰面板

+2.500(顶棚高度)

MT —
金属灯光型材

PT —
石膏板棚面

棚面阴角灯光线条剖面图
1:1

2.4 阴角灯光角线

场景效果展示（一）

场景效果展示（二）

三维剖视图

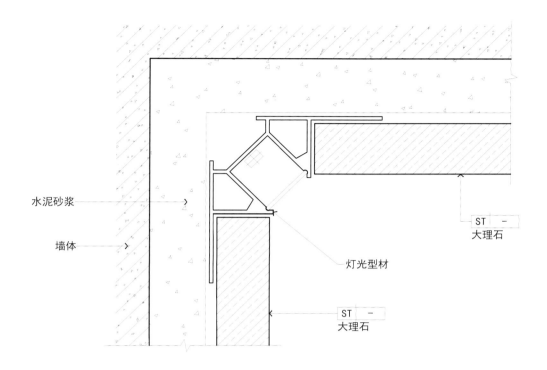

水泥砂浆

墙体

灯光型材

ST —
大理石

ST —
大理石

阴角石材灯光角线
1:1

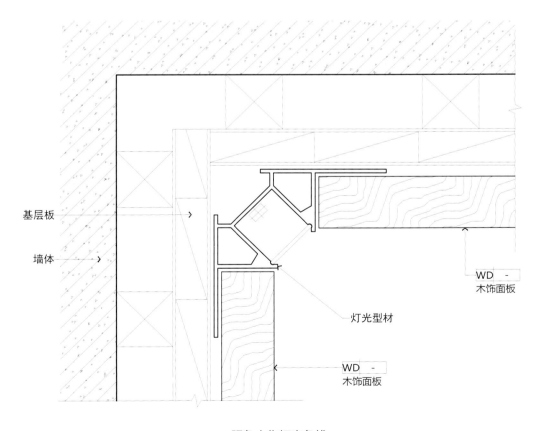

基层板

墙体

灯光型材

WD —
木饰面板

WD —
木饰面板

阴角木作灯光角线
1:1

▓ 2.5　墙面灯光线条

三维剖视图

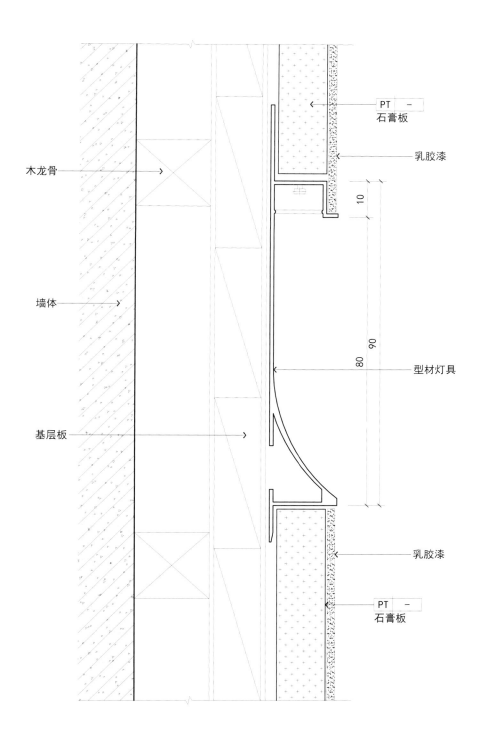

木龙骨

墙体

基层板

PT　—
石膏板

乳胶漆

10

90

80

型材灯具

乳胶漆

PT　—
石膏板

墙面灯线剖面图

1:1

▒ 2.6　踢脚线灯光线条

场景效果展示

三维剖视图

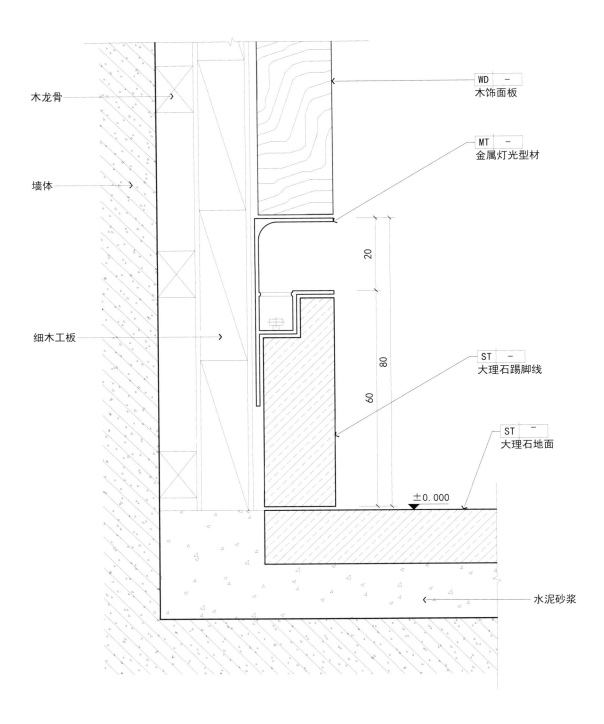

木龙骨

墙体

细木工板

WD　–
木饰面板

MT　–
金属灯光型材

20

80

60

ST　–
大理石踢脚线

±0.000

ST　–
大理石地面

水泥砂浆

灯光踢脚线剖面图
1:1

解析 本例实际上为墙面暗藏灯光线条，设计在踢脚线位置，一方面起到材料间的过渡作用，另一方面起到照明效果，可以理解成洗地灯。此线条可以用在墙面造型、顶棚造型上，适用于多种材料，如木作、石材等。与其他线条灯具不同的是，这样的照明设计光晕会更为柔和。

后 记

· 知识学习的难点在于理解，理解的难点在于讲解者的表达方式。传统的深化设计学习的难度是比较大的，设计师对节点构造的学习、收口细节的学习需要长期的知识积累和体悟，很难在短时间内迅速提高，尤其是对跨专业的读者来说学习起来更加费时、费力，考虑到这一点，笔者编撰出版的《材料收口》、《极简收口》等几本书都是采用三维超写实剖视图等方式来对知识进行讲解和传达，这样读者可以看得比较直观，材料属性、收口工艺一看就懂，大大地降低学习成本。除三维超写实剖视图、效果图以外，书中还配有 CAD 大样图、施工节点图，部分案例还配有文字注解，因而读者看图学习要比看文字学习轻松得多。深化设计知识点非常多，读者学起来难免内心生出恐惧和焦虑，很容易半途而废，希望我的书能有效地帮助您高效吸收那些关键的知识点，并应用于工作当中。

· 对于我个人而言，完成一本书的编撰，既是阶段性地总结，也是一次提升，我很喜欢这件事，会一直坚持下去，所以很希望读者朋友们看完我的书后，能与我分享心得。谢谢大家的支持和鼓励！

王海青
2019 年 9 月